OBSERVATIONS

SUR LES MOYENS

QUE L'ON PEUT EMPLOYER,

Pour préserver les Animaux sains de la Contagion, & pour en arrêter les progrès.

PAR M. VICQ D'AZYR,

Docteur Régent de la Faculté de Médecine en l'Université de Paris, Médecin ordinaire de Monseigneur le Comte d'Artois, Membre de l'Académie Royale des Sciences, nommé par Elle, Commissaire & envoyé par le Gouvernement pour faire des recherches Physiques & Médicinales sur la maladie Epidémique qui attaque les Bestiaux, dans les Généralités de Bordeaux, Auch, Bayonne & Montauban.

A BORDEAUX,

Chez MICHEL RACLE, Imprimeur de l'Intendance, rue St. James, 1774.

OBSERVATIONS

SUR LES MOYENS

QUE L'ON PEUT EMPLOYER,

Pour préserver les Animaux sains de la Contagion , & pour en arrêter les progrès.

DANS une épidémie, on a deux choses à faire, préserver & guérir. La subtilité d'un poison destructeur qui agit immédiatement sur le principe vital, fournit toujours de nouvelles entraves au Médecin. Les détails immenfes de la Société, & les communications innombrables que l'ignorance & la cupidité renouvellent sans cesse, déconcertent également le Magistrat. Cependant la contagion fait des progrès, & les difficultés augmentent. Il s'établit différents foyers dans lesquels le virus semble se concentrer, & quelquefois même se détruire. Mais bientôt il reparoît plus contagieux que jamais ; il se développe de nouveau, & par un funeste miracle, il exerce ses fureurs dans les lieux très-éloignés de sa source ; il défriche des plaines fertiles en bestiaux qui en font toute la richesse ; il enleve au Laboureur, qui a ensemencé ses terres, la douce & fructueuse espérance de la moisson : il jette dans les cantons circonvoisins le desespoir & le découragement, & ne laisse enfin aucun milieu entre les les frayeurs de l'inquiétude la mieux fondée, & les rigueurs de la pauvreté la plus irréparable & la plus cruelle. Tel est le tableau de la Province dans laquelle s'est manifestée la contagion dont il est important d'arrêter les progrès.

Est-il possible de guérir

les animaux attaqués de cette maladie ? A-t-on quelque-fois guéri la peste ? Cette seconde question répond à la première. Ce n'est pas qu'il faille désespérer & ne faire aucune tentative. Une expérience heureuse sera peut-être le fil qui, dans cet affreux dédale, conduira seul à la connoissance de la vérité. Il est sans doute toujours bon & utile de tenter les moyens que l'expérience & la raison suggèrent; mais dans un mal aussi pressant, on ne peut raisonnablement espérer que des épreuves, qui, par elles-mêmes, sont

incertaines , puissent inces-
samment fournir des secours
prompts & assurés. Quel service la Médecine peut - elle
donc rendre dans cette circonstance urgente? Elle peut,
en joignant ses connoissances
aux lumières & à l'autorité
du Ministère , empêcher les
progrès de la contagion, la
circonscrire , la faire périr ,
faute d'aliment , & l'envelopper sous ses propres rui-
nes.

On peut réduire à trois
cas ceux dans lesquels les
moyens préservatifs doivent
être administrés. Dans le premier , on craint pour les bes-

tiaux d'un pays encore sain ,
mais qui est très - voisin d'un
autre canton infecté. Dans le
second , les premiers signes
de la contagion se déclarent
parmi des bestiaux dont aucun jusqu'alors n'avoit été
malade. Dans le troisième
enfin , la contagion règne
depuis quelque temps , & a
déjà fait des progrès.

PREMIER CAS.

*Moyens préservatifs dans un
pays encore sain , mais très-
voisin d'un autre pays infecté.*

Le virus pestilentiel est
un Protée qui se masque
sous différentes formes , &

qui, pour s'introduire, prend mille routes différentes , & souvent inconnues. Si on se propose de lui fermer tout accès, il faut être sans cesse sur ses gardes , & opposer à son activité & à sa pénétration une exactitude & une patience à toute épreuve. Le Médecin qui veut préserver un animal quelconque, doit donc entrer dans les plus petits détails de sa vie domestique. Il doit déterminer ce qui concerne sa boisson, ses aliments, son pansement & son travail. Il doit exposer les opérations que l'on peut regarder comme propres à

éloigner le fléau qui le me-
nace ; ild oit infifter fur les
précautions qu'il convient de
prendre dans l'adminiftra-
tion intérieure ; & aux-
quelles plufieurs doivent la
confervation de leurs beftiaux ; & avant tout il doit
établir les indications qu'il
fe propofe de remplir.

INDICATIONS

du premier Cas.

1°. Empêcher toute com-
munication avec les beftiaux
fains, & tout ce qui les ap-
proche.

2°. Purifier l'air qui peut

être impregné de molécules vireuſes apportées des lieux infectés.

3°. Prévenir l'endurciſſement des aliments dans un des eſtomacs.

4°. Prévenir la putridité qui exiſte toujours dans ces maladies.

Les obſervations ſuivantes répondent à ces quatre indications.

1°. *Boiſſon.*

1°. On ne laiſſera boire les beſtiaux dans l'abreuvoir ordinaire, que quand on ſera ſûr de l'avoir en propre, & qu'il ne ſervira point aux uſages d'une communauté. Dans ce cas , on ſe comportera comme il eſt dit n°. 3 1 du ſecond cas.

2°. Tous les matins on fera boire à chaque animal une certaine quantité d'eau blanche nitrée.

3°. De deux jours l'un , alternativement, on donnera un lavement , compoſé de ſuffiſante quantité d'eau blanche , d'une once de cryſtal minéral , & de deux onces de miel commun , & on fera prendre une potion compoſée d'une once d'huile d'olive ou de lin , d'une once de miel commun , & d'un

verre

verre de vinaigre dans une chopine d'eau.

2°. *Aliments solides.*

4°. On ne conduira les beſtiaux aux champs, qu'après le lever du ſoleil, & on les ramènera de bonne heure à l'étable le ſoir, ſur-tout ſi leurs pâturages ſont ſitués dans des lieux bas & humides.

5°. On diminuera d'un tiers à peu près la quantité de leurs aliments.

6°. On ne leur donnera point de fourrage ſec, ſans l'avoir auparavant mêlé avec des herbes fraîches, telles que les différentes espèces de gramen, l'oseille, la poi-rée, la laitue, le laiteron, la mauve, la scorsonère, &c.

7°. On pourra aussi leur offrir de l'eau, dans laquelle on aura jeté des herbes ha-chées, ou du foin sec éga-lement haché.

3°. *Pansement.*

8°. On frottera plusieurs fois par jour avec des bou-chons de paille imbus de vinaigre, dans lequel on aura fait infuser de l'ail ou des plantes aromatiques; on frottera sur-tout les bestiaux à leur retour des champs.

9°. On lavera les naseaux, la langue & le palais avec le vinaigre, dans lequel on aura fait infuser quelques gousses d'ail.

10°. On leur assujettira dans la bouche des morceaux de bois, sur lesquels seront attachés des nouets faits avec l'assa-fœtida & la gomme ammoniaque : on pourra se servir avec même succès de la recette indiquée n°. 6 dans la Consultation de M. Bourgelat : on les fera saliver le matin & le soir, à l'arrivée des champs.

4°. *Travail.*

11°. Il faut que les bœufs sains travaillent ; mais on doit avoir soin de ne point les fatiguer.

12°. On ne commencera point leur travail trop matin, & on le finira de bonne heure le soir.

5°. *Soins domestiques.*

13°. On enchaînera les chiens ; on tuera ceux qui font vagabonds ; on tuera également les chats ; on renfermera les poules, & on séquestrera les chevaux.

14°. Chaque Métayer aura

une ou plusieurs personnes de confiance qui prendront soin de ses bestiaux : ces personnes n'auront jamais approché, & n'approcheront jamais des bêtes malades. Il sera défendu, sous des peines réglées par le Magistrat, à toute autre personne, de toucher aux bestiaux, soit dans les routes, soit aux champs, sous quelque prétexte que ce puisse être.

Les hommes de confiance qui conduiront les bestiaux, auront droit de former plainte contre les contrevenants; en conséquence on éloignera tous les coureurs de Métai-

rie , & autres gens fans aveu
qui fe mêlent de donner des
recettes pour les maladies
des beftiaux.

15°. Les Bouchers & Cor-
royeurs des lieux circonvoifins feront tenus de déclarer
à un Bureau, dans quel lieu &
de quelle perfonne ils ont
acheté.

16°. Le Métayer renfer-
mera dans l'étable fes beftiaux fous la clef ; lui feul &
les perfonnes de confiance
en auront une , & perfonne
n'y entrera qu'eux.

17°. Ceux qui feront char-
gés du foin de panfer , conduire & préferver les bef-

tiaux de tout attouchement
dangereux , les meneront ,
autant qu'il leur fera poffible , par des chemins non
frayés , & ils ne pafferont
par les grands chemins que
quand ils ne pourront abfo-
lument s'en difpenfer : on a
remarqué que la contagion
fuit très-fouvent leur trajet.

18°. Si les beftiaux font
nourris dans l'étable , on les
fera fortir une fois par jour
dans une cour bien fermée ,
dans laquelle les perfonnes
fufdites auront feules entrée.

19°. Si un Boucher , ou
toute autre perfonne fufpecte
a touché un des bœufs , va-

ches ou veaux , il ne faut point qu'il rentre avec le reste du troupeau : il en sera de même de ceux que l'on aura conduits à une foire ou marché ; ils ne doivent plus communiquer avec ceux qui sont restés à la maison.

6°. *Etable.*

20°. Les étables seront grandes , & bien aérées ; on aura soin de les tenir propres , & on n'y renfermera qu'un petit nombre de bestiaux. A cet égard, on ne peut donner aucune règle précise , mais on peut assurer que moins il y aura d'animaux dans une étable , moins le danger de la contagion fera grand.

21°. On brûlera du foufre dans l'étable pendant l'ab-fence des beftiaux ; & pen-dant qu'ils y feront, on y fera évaporer fur un ré-chaut , un mêlange de vi-naigre & d'eau de vie : on pourra approcher cette li-queur en évaporation des nafeaux des bœufs renfer-més dans l'étable.

22°. On allumera des feux devant les étables. Dans les étables l'on brûlera les bois de romarin , de genièvre, geneft , &c. comme il eft

indiqué n°. 8 dans la Consultation de M. Bourgelat.

23°. On logera, s'il est possible , les fourrages ailleurs
que dessus ou à côté des étables ; ou , si l'on ne peut faire
autrement , on fermera les
portes de communication ,
& ces fourrages ne serviront
plus alors aux bestiaux de la
même espèce que ceux qui
ont été attaqués de la contagion.

7°. *Egouts artificiels.*

24°. On pratiquera à tous
les bestiaux un seton au fanon. Il sera bon de le faire
avec la racine d'ellebore.

25°. Si le danger est urgent, on passera deux setons. On pourra même appliquer un vessicatoire. Mais tous les Auteurs conviennent que ces moyens sont tout à fait inutiles quand on n'a pas soin de rendre la suppuration abondante.

8°. *Police.*

26°. L'exécution de l'Arrêt du Conseil d'Etat du Roi, la sage Ordonnance de M. l'Intendant, & les cordons établis par M. le Comte de Fumel, suffisent pour la police intérieure & communicative.

9°. *Ce qu'il faut éviter.*

27°. Tout ce qu'il convient d'éviter se réduit à deux chefs. 1°. Ce qui est dangereux. 2°. Ce qui est inutile. Dans la première classe il faut ranger les saignées de précaution, les remèdes échauffants, les doses forcées de thériaque & d'eau de vie, les absorbants & les forts purgatifs. Dans la seconde, on doit ranger les amulètes & les eaux dans lesquelles on fait infuser des substances qui ne leur donnent aucune prise, comme les infusions d'antimoine,

de

de mercure & de soufre.

SECOND CAS.

Moyens préservatifs dans un pays où les premiers signes de la contagion commencent à se manifester.

INDICATIONS

du second Cas.

1°. Etouffer la contagion dès sa naissance, & ne lui permettre aucuns progrès.

Préserver les animaux sains, tant ceux qui vivoient avec les bestiaux sur lesquels les premiers signes de la contagion se sont manifestés, que ceux qui en étoient séparés.

C

Les observations suivan-
tes répondent à ces indications.

28°. Aussi-tôt que l'on s'ap-
percevra par les premiers
signes de la maladie, que
l'animal est infecté, il faut,
même au plus léger doute,
le faire sortir sur le champ,
l'assommer, &, s'il est possible, le brûler. Si on man-
que de bois, on l'enterrera
à dix pieds de profondeur ;
on ne répandra point de
chaux sur le cadavre, on
aura soin de faire la fosse
dans un lieu très-éloigné de
celui dans lequel l'on con-

serve le fourrage (1). On
battra avec force la terre
qui le recouvrira , & l'on
détruira toutes les traces du
massacre que l'on vient de
faire.

29. On changera sur le
champ d'étable les bestiaux
qui vivoient avec l'animal
infecté. On les renfermera

---

(1). Ce précepte mérite d'autant plus
d'attention , que les Paysans tiennent
presque tous une conduite opposée. C'est
ce que ma propre expérience m'a déjà dé-
montré. On conserve dans ce pays-ci les
fourrages en tas auprès des maisons ; &
j'ai vu souvent choisir cet endroit pour
faire les fosses. Ce n'est qu'en étudiant
les usages des pays que j'habite , que je
pourrai donner quelques conseils utiles.

dans une autre étable , où ils seront tenus séparés de tous ceux du canton.

30°. On leur passera deux sétons ; on leur appliquera un large vessicatoire ; & si l'on a déjà pratiqué des égouts artificiels , on excitera une abondante suppuration par le moyen des emplâtres épispastiques.

31°. On ne mènera point ces bestiaux à l'abreuvoir, dans un canton où il y en a eu quelques-uns d'infectés ; mais on les fera boire séparément dans un vase , & on jettera soigneusement les restes de chacun ; leur boiffon fera de l'eau , puifée ailleurs que dans l'abreuvoir ordinaire, que l'on aura fortement agitée , & dans laquelle on aura répandu fuffifante quantité de vinaigre ou d'acide vitriolique, jufques à agréable acidité. Le petit lait leur convient aufli beaucoup.

32°. On les traitera d'ailleurs comme il eft expofé, n°. 2 , 3 , 5 , 6 , 7 , 8 , 9 , 10 ; les foins intérieurs feront les mêmes. Voyez n°. 13 , 14 , 15 , 16 , 17 , 18 , 19. On parfumera les étables comme il eft dit n°. 20, 21 & 22.

33°. Dans un canton où quelques bœufs ont été infectés, les gens aisés nourriront leurs bestiaux dans l'étable, & ils redoubleront d'attention sur tous les moyens énoncés ci-dessus.

34°. On traitera l'étable dans laquelle étoit le bœuf malade, comme il sera dit plus bas n°. 38 du troisième cas.

TROISIÈME CAS.

Moyens préservatifs dans un pays où la contagion a déjà fait des progrès.

INDICATIONS
du troisième Cas.

1°. Préserver les animaux

sains qui habitent le pays infecté.

2°. Préserver les animaux sains qui vivent dans les cantons circonvoisins.

Cette seconde indication est la même que celle du premier cas. Voyez depuis le n°. 1°. jusques au n°. 25. Les observations suivantes répondent à la première.

23°. On empêchera, par des cordons de troupes intérieurs & très-serrés, toute communication entre les lieux sains & les lieux dans lesquels la maladie règne. On circonscrira ainsi la con-

tagion , & on empêchera
avec le plus de soin possible
ses progrès dans le lieu infecté , en employant les
moyens énoncés n°. 13 ,
14 , 15 , 16 , 17 , 18 , 19.

36°. On tiendra les bêtes
saines renfermées autant que
faire se pourra ; on leur ad-
ministrera sur-tout des aliments liquides : on leur fera
plusieurs sétons : on pourra
même employer les ventou-
ses & les scarifications en
différentes parties du corps.

37°. On enfouira les bêtes
mortes , comme il est dit
n°. 28. Il seroit à propos de
choisir pour cela des lieux

ifolés , & de recouvrir leur fepulture avec quelques pavés , avec des pierres amoncélées les unes fur les autres , ou au moins avec des épines. Les gens aifés pourroient même y faire bâtir une efpèce de mur.

38°. On regratera les murs & les pavés des étables. On y allumera du feu , on les blanchira par-tout. On brûlera ou on enfouira le fumier & les uftenfiles qui y ont été renfermés. On verloppera les auges , & on les lavera foigneufement avec le vinaigre dans lequel on aura fait infufer de l'ail. Enfin on n'y fera rentrer les bestiaux que le plus tard qu'il sera possible (1).

Ces moyens sont plus minutieux que difficiles. On ose promettre du succès à ceux qui voudront bien s'y prêter. MM. les Syndics sont surtout priés de veiller à leur exécution. Il est important qu'ils soient persuadés qu'en empêchant toute communication ils feront absolument cesser le mal. Outre les preuves répandues dans mes notes, ils en ont devant les

____

(1) A l'égard des bœufs malades, si on se détermine à les tuer tous, on trouvera dans les notes la conduite qu'il faut tenir.

yeux qui sont particulières aux pays qu'ils habitent. En effet, j'ai appris que dans l'Entre-deux-Mers , dans un canton du Labour , & dans quelques autres endroits de la Généralité de Bordeaux, plusieurs bestiaux avoient été, par ces différents moyens , préservés de la contagion. J'ai cru devoir entrer dans les plus petits détails de l'administration intérieure. Ceux d'entre les Propriétaires & Métayers qui voudront y descendre avec moi , se rendront un service important à eux-mêmes & ils en rendront un plus important encore à la

nation ; en détournant ur.
fléau qui peut dévaster toute
la France , & qu'eux feuls
peuvent arrêter.

NOTES.

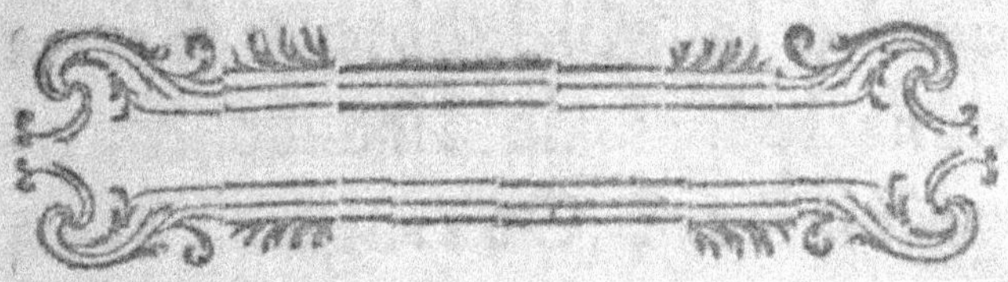

NOTES

SUR LES OBSERVATIONS

PRÉCEDENTES.

CEux qui ne voudront qu'un plan méthodique & simple de conduite, le trouveront dans mes Observations. Mais afin de leur donner tout le poids & toute la confiance dont elles ont besoin pour être couronnées de quelque succès, j'ai cru devoir ajouter des notes en faveur de ceux qui, sans avoir

D

étudié la Médecine, feront dans le cas de lire & d'apprécier cet Ouvrage. Mon but eſt donc d'être ſimple, intelligible pour les uns, & démonſtratif pour les autres, de faire voir la liaiſon qui ſe trouve entre mes Obſervations & la ſaine phyſique, & de prouver que tous les conſeils que je donne ont été déjà pluſieurs fois jugés bons & utiles au Tribunal de l'expérience.

(1) Dans les temps malheureux où il règne une épidémie parmi les beſtiaux, il faut ſe défier de tout ce qui eſt en communauté. Plus le nom-

bre des animaux qui commu-
niquent enfemble eft grand,
plus on a raifon de craindre que quelqu'un d'entre
eux ne foit infecté. D'ailleurs
on peut regarder l'eau comme un véhicule commode de
la falive infectée. Sauvage
en fournit plufieurs exemples
dans fon Traité de la Rage.
La bave des animaux eft long-
temps fufpendue dans l'eau
fans s'y mêler intimement,
lorfqu'on n'emploie aucune
fecouffe pour en accélérer le
mêlange. Il ne faut donc pas
croire que la diffolution de
fes molécules dans une grande quantité d'eau, foit tou-

jours prompte & facile , & qu'elle puisse affoiblir aisément ce moyen de contagion. J'ai plusieurs fois répété ces expériences , & j'ai vu la salive , pourvu qu'elle fût un peu plus visqueuse qu'à l'ordinaire , être plus d'une journée reconnoissable par ses filaments glutineux dans l'eau qui lui servoit de soutien. Il seroit donc possible que les bestiaux prissent la contagion dans une eau qui depuis un laps de temps assez considérable , n'auroit servi à abreuver aucun animal infecté.

(2) On fait l'eau blanche

avec le fon ou avec la farine.
Il fera à propos, fi l'on emploie le fon, de fe fervir
d'eau chaude pour la prépa-
rer, & de paffer cette décoction à travers une toile claire.
Le fon fe pélotonne dans les
premières voies ; il s'aigrit
& devient feptique, en ab-
forbant une certaine quantité
du fluide élaftique, connu par
les modernes fous le nom
d'air fixe. C'eft ce que M.
Lavoifier, de l'Académie
Royale des Sciences, expli-
que très-bien dans un Mé-
moire qu'il m'a communi-
qué. L'eau blanche peut,
jufqu'à un certain point,

suppléer à la nourriture. On lit dans Pline que cette eau étoit en usage de son temps : tous les Médecins modernes la recommandent. On peut employer une once de nitre sur dix pintes d'eau.

(3) Cette potion empêchera les matières contenues dans les estomacs de s'endurcir. Elles ne formeront point l'espèce de gâteau que l'on y rencontre presque toujours en pareil cas. M. de Drouin a vu les aliments séchés dans le feuillet au point qu'ils résistoient à la hache. Messieurs les Elèves de l'Ecole Vétérinaire ont plusieurs fois

rencontré les aliments ainsi accumulés & desséchés dans le troisième estomac. J'ai moi-même été témoin de ce phénomène surprenant. Ce qu'il y a de malheureux, c'est que cet estomac est comme sur-ajouté & placé oblique-quement ; de sorte que les boissons délayantes passent de la panse dans la caillette sans pénétrer assez avant dans le feuillet. Il faut cependant croire que la nature a des ressources bien étonnantes ; car on ne peut douter que cet endurcissement n'ait eu lieu dans le petit nombre d'animaux qui ont été guéris.

Il a donc fallu que la fécré-
tion abondante d'un fluide &
les contractions du feuillet
aient détrempé & chaffé cette
efpèce de pulpe endurcie.
C'eft ce que l'art jufqu'ici
n'a pu faire. En Hongrie,
dans l'année 1712 , on a
trouvé le feuillet rempli de
poils feutrés comme ceux
d'un chapeau. M. Dufot dit
avoir obfervé le deffeche-
ment des aliments dans le
bonnet. Les lavements entre-
tiendront de leur côté le
boyau dans un état de fou-
pleffe & de liberté néceffaire
pour feconder l'effet de la potion. Quelques Praticiens,

dans la même vue, propo-
sent plusieurs doses d'eau
tiède répétées dans le jour.
Les Médecins de Genève ont
donné ce conseil dans une
épidémie. M. Barberet a fait
usage avec succès d'une potion à peu près semblable à
celle que nous avons indiquée.

(4) Les feuilles des plantes sont alors couvertes d'une
espèce d'enduit glutineux
fort mal-sain. C'est ce que le
Docteur Nigrissoli a mis hors
de doute. Les vapeurs nébu-
leuses & épaisses qui tou-
chent la surface de la terre,
sont d'ailleurs très-nuisibles.

La tranfpiration infenfible &
la refpiration en fouffrent
également. J'ai foumis ces
vapeurs aux expériences de
Prieftley. En vuidant une
bouteille pleine d'eau près
de la furface de la terre, il
m'a été facile d'obtenir une
certaine quantité de cet air
nébuleux. Je l'ai trouvé peu
refpirable, & la lumière
d'une bougie s'y eft fouvent
éteinte. Il ne faut point perdre de vue que le bœuf a
l'ouverture de la bouche &
des nafeaux continuellement
plongée dans ces vapeurs
malfaifantes. On ne fauroit
donc trop s'oppofer à ce qu'il

courre un pareil danger.

(5) En diminuant la quantité des aliments, on donne plus de force relative aux estomacs, qui peuvent alors faire beaucoup mieux leurs fonctions. Lancisi a donné ce précepte avant tous les Auteurs modernes. Il dit expressément qu'il faut offrir aux bœufs des aliments de facile digestion, & en petite quantité.

(6) Ce mélange d'herbes fraîches avec le fourrage sec empêche le peloton de se former. Les plantes acidules préviennent de plus les effets de la putridité. M. Herment,

Docteur Régent de la Fa-
culté de Paris, & le Docteur
Cogroffi, les ont conseillées
dans une épidémie. Qu'il me
soit auffi permis de m'ap-
puyer du fentiment de M.
Bourgelat, qui plufieurs fois
les a confeillées en plufieurs
cas. Enfin, M. Vitet eft du
même avis.

(7) Ce mêlange eft en-
core loué par les Auteurs
fufdits. MM. le Clerc & Vitet font auffi l'éloge du fuc
de pomme rapproché par la
décoction & délayé dans
l'eau. Les fucs des fruits végétaux renferment beaucoup
d'air, & font très-antifepti-
ques

ques. De plus , ils contiennent , comme M. Macquer l'a dit dans son Dictionnaire de Chymie , un mucus trèssubtil & très-disposé à la fermentation. Quelques-uns emploient des panades avec le sel marin. J'ai appris qu'un paysan employoit ce moyen dans l'Entre-deux-Mers.

(8. 9) Cette Recette est de Lancisi. Il y ajoutoit beaucoup d'autres drogues qui la rendoient plus compliquée , & que nous avons cru devoir retrancher , pour que sa préparation fût plus facile.

(10) On frottera les bœufs à leur retour des champs , &

on les fera saliver , afin de rétablir l'infenfible tranfpiration que le froid ou le brouillard peuvent fupprimer , & pour leur faire dégorger les miafmes contagieux dont il eft poffible que leur falive foit infectée.

(11) Ramazini , M. Herment, & plus nouvellement MM. Barbaret & Nicolaw, ont obfervé que les bœufs les plus maigres étoient moins fujets à la contagion, & qu'ils fuccomboient plus difficilement à la maladie. Ils ont obfervé le contraire à l'égard des bœufs gras & pareffeux. Il faut donc les

exercer; mais en même temps il faut bien prendre garde qu'ils ne se fatiguent trop : l'atonie qui s'ensuit dispose le corps à recevoir la contagion ; & la nature accablée n'a plus de force pour lui résister. C'est ainsi qu'un Voyageur fatigué, arrivant dans un lieu où regnoit une épidémie, en fut promptement attaqué, & en mourut en peu de jours.

(12) Les raisons sur lesquelles est fondé ce précepte, sont les mêmes que celles qui sont rapportées nᵒ. 4.

(13) Tout le monde sait que les chiens propagent la

contagion , & qu'ils en font
très - fufceptibles : voyez ce
quedit à ce fujet M. Decmars,
dans fa lettre fur la mortalité
des chiens qui arriva en
1763. Il y a déjà long-temps
que Vallisnieri écrivoit
à Lancifi que les chiens
avoient porté la contagion
d'un lieu dans un autre. Les
chats doivent être fujets au
même inconvénient ; d'au-
tant plus qu'ils paffent &
s'infinuent facilement là où
les chiens ne peuvent avoir
aucun accès. Enfin , on lit
dans le Journal de Venife ,
qu'une poule , en grattant
dans la fiente d'un bœuf in-

fecté , fut elle - même atta-
quée de maladie , & mourut
peu de temps après. M. le
Clerc assure que les chevaux
ne prennent point la maladie
des bœufs. Il dit même que
les bœufs, dans l'étable desquels on laisse un cheval ,
font mieux portants & plus
vigoureux. D'après ce Mé-
decin célèbre , plusieurs
autres Auteurs donnent le
même avis. J'ai cru devoir
adopter l'opinion contraire ,
comme plus fûre, & d'ailleurs
moins systématique. 1°.
Comment M. le Clerc a t-il
pu s'assurer que les bœufs,
dans l'étable desquels on

mettoit un cheval, se por-
toient mieux? Est-ce que sans
cette compagnie leur santé
auroit été plus altérée? Quand
elle l'auroit été, est-ce que
raisonnablement on auroit
dû regarder leur maladie
comme un effet de cette sé-
paration? Cette assertion est
donc du nombre de celles
qui sont hasardées, & absolument dépourvues de toute
démonstration. 2°. Quoique
le plus ordinairement une
épidémie ne passe point d'une
espèce à l'autre, cependant
on ne peut nier la possibilité
de cette espèce de contagion.
Les Auteurs en fournissent

des exemples ; & dans Bordeaux même un Chirurgien
très-inftruit croit qu'un mu-
let a pris le mal d'une de fes
vaches. Quelque petit que
foit le danger , pourquoi le
courir , quand on peut s'y
fouftraire ? Si je relève cette
erreur avec force , c'eft que
dans quelque circonftance
que ce foit , on ne doit en
laiffer fubfifter aucune;& que
dans celle-ci fur-tout, la faute
la plus légère peut avoir les
fuites les plus fâcheufes.

(14) Antoine - Marie
Boromée rapporte qu'un
payfan a propagé de fon
temps une épidémie , & M.

le Clerc aſſure que des beſtiaux ſains ont mugi à l'ap-
proche d'un homme qui ſor-
toit d'un lieu infecté. Pluſieurs perſonnes très-éclai-
rées m'ont aſſuré que les Coureurs de Métairies ont fait &
font encore beaucoup de mal
dans cette Généralité, tant
par la mauvaiſe adminiſtration de leurs remèdes, que
parce qu'ils vont immédiatement d'un endroit infecté
dans un endroit ſain, où ils
ne manquent jamais de porter
la contagion. Ces menus détails ſont très-importants, &
méritent toute l'attention des
Magiſtrats. On peut être aſ-

furé que le mal fubfiftera autant que ces abus fubfifteront
eux-mêmes.

(15) On ne fauroit trop
réprimer la cupidité de ces
fortes de gens, qu'un vil in-
térêt conduit toujours. Cette
obfervation n'eft pas moins
importante que la précéden-
te. Tout le monde convient
dans cette Ville que l'épidémie de Libourne eft due à
l'imprudence d'un Boucher.

(16) On n'oublie jamais
de renfermer fon argent fous
la clef. Mais les véritables
tréfors de l'Agriculteur font
fes troupeaux. Pourquoi re-
fuferoit-il de prendre à leur

égard la même précaution ?

(17) MM. Duhamel , du Monceau & Fougeroux , de l'AcadémieRoyale desSciences, en suivant scrupuleusement ces indications , ont conservé les bestiaux de leur Fermier , qu'une seule muraille séparoit du lieu infecté. M. le Marquis de Courtivron , dans le volume de 1745 , rapporte un grand nombre de faits qui se font passés en Bourgogne , & qui prouvent l'importance de ces conseils ; il a vu , par des moyens semblables à ceux que j'indique , des bestiaux sains renfermés & préservés

dans un parc environné de
bêtes malades. Mais il ne
faut pas négliger la plus petite circonstance. Dans l'année 1713, les Princes Pam-
phile & Borghese conservè-
rent tous leurs bestiaux, en
interceptant toute communication. On a d'ailleurs dans
cette Généralité des exemples qui doivent encourager
les Agriculteurs à suivre exactement ces avis. La Méde-
cine humaine vient à notre
appui, & nous fournit de
nouvelles autorités. On a vu
dans la peste de Maseille les
maisons Religieuses & l'Ar-
senal des Galères préservés,

par une bonne police , de toute contagion. Il y a , dit M. Duhamel, à l'Intendance d'Aix , un balcon affez peu élevé au-deffus du pavé , pour qu'on puiffe donner la main à ceux qui font dans la rue. On fe fervoit pendant la pefte de ce balcon pour diftribuer par écrit les ordres que l'on jugeoit convenables : on a vu des gens en mourir deffous , & perfonne de l'Intendance n'en a été attaqué. Depuis ces terribles calamités la pefte a bien des fois été dans l'Hôpital de fanté , qui n'eft féparé de la Ville que par un mur de clôture ,

fans que le vent l'ait jamais
portée hors de cette enceinte.
Les gens de la Ville ont même conversé plusieurs fois
avec ceux du lieu peftiféré,
n'en étant féparés que par
deux grilles, qui font à quatre ou cinq toifes l'une de
l'autre ; & cependant la maladie ne les a point attaqués.
Un Médecin célèbre rap-
porte que les Ifles Ferroé ont
échappé pendant long-temps
aux fureurs de la petite vérole, & qu'enfin un linge
infecté tranfporté des pays
lointains, y apporta la contagion. A force de foins & de
précautions, les Religieufes

de l'Abbaye de Lonchamps, auprès de Paris, se sont préservées pendant long-temps de ce fléau. Si je m'appuie d'un aussi grand nombre d'autorités, c'est que je crois qu'il est, on ne peut pas plus, important de prouver combien l'on doit être en garde contre tout ce qui établit une communication immédiate entre les lieux sains & infectés.

(20) C'est pour cette raison que M. Haslefer veut que les étables soient plus froides que chaudes.

(21) On peut aussi y faire détonner un mêlange de nitre

pulvérifé avec partie égale
de poudre de charbon , ou
plus fimplement le nitre feul
& pulvérifé. Il s'en éleve une
vapeur que l'on dit être de
l'air fixe , & qui eft très-anti-
feptique. La poudre à canon
remplit les mêmes indica-
tions : le mêlange d'eau de vie
& de vinaigre eft approuvé
par M. Vitet : quelques-uns
confeillent de jeter de l'acide
vitriolique fur une pêle rou-
gie au feu : ils prétendent
que les vapeurs qui s'élè-
vent , forment un fel amo-
niacal avec l'alcali volatil
de l'atmofphère. On peut

encore se servir , avec avantage, du procédé suivant. On
met sur un réchaut une ter-
rine remplie de sable ; &
dans ce sable , on place un
gobelet de verre rempli aux
deux tiers de sel marin , sur
lequel on verse , de temps
en temps , quelques goutes
d'huile de vitriol. Les vapeurs de l'acide marin , dé-
gagées , se répandent dans
l'air, & s'élevent à une assez
grande hauteur. On a fait ces
expériences en Bourgogne ,
& elles sont très-bien détail-
lées dans un Mémoire que
M. de Montigni , de l'Académie Royale des Sciences ,

m'a communiqué avant mon départ.

(22) L'usage des feux dans les temps de peste, est très-ancien. On sait quel parti Hypocrate en a tiré dans la fameuse peste d'Athènes. Le Docteur Méad en blâme l'usage. Il nous paroît cependant devoir être avantageux dans la circonstance présente : il établit un courant d'air, & fait l'office de ventilateur. Le feu aromatique joint à ces avantages celui de parfumer l'atmosphère par les molécules odorantes qu'il répand. M. Barberet conseille l'usage du

soufre & du salpêtre en fu-
migation : on peut aussi se
servir des résines.

(23) Quelques Auteurs
conseillent de réserver le
fourrage qui a séjourné long-
temps dans les étables des
bœufs infectés pour les chevaux & bêtes asines.

(24-25) Ici tous les Mé-
decins se réunissent pour
donner le même avis. Ra-
mazini dit que tous les bestiaux de M. Boromée mou-
rurent, excepté un auquel
on avoit fait un séton. Lancisi fait grand cas de ce
moyen. Fantastus loue les
scarifications. Quelques Mé-

decins Italiens cernent l'o-
reille, & tâchent d'y attirer
un dépôt qu'ils ont vu plusieurs fois devenir gangré-
neux. Les Médecins de Genève rapportent qu'un paysan
perdit tous ses bœufs, excepté un, auquel on avoit
fait des taillades en différentes parties du corps. Quelques-uns, au rapport de M.
Herment, emploient une
tige de viorne : d'autres se
servent d'une plume remplie
de vif-argent ; il y en a qui
insinuent un bouton de su-
blimé corrosif sous la peau.
M. Dumahel a vu quelques
personnes se servir de la

quinte-feuille. On se sert aussi
du garou, de la racine d'iris
& des tithimales. M. le Marquis de Courtivron loue
l'herbire ou herbi pratiqué
avec l'ellebore ; c'est ce
que l'on appelle *citrer* dans
ce pays. Pour obtenir le plus
d'effet qu'il est possible de
cette racine, on en insinuera
gros comme une noix dans
une plaie faite au fanon. On
réunira les deux bords de la
plaie par un point de suture.
Il se formera une tumeur, sur
laquelle on fera de grandes
scarifications. M. le Clerc dit
qu'il n'a vu périr aucuns des
bestiaux auxquels, de bonne

heure, on avoit fait un féton. Ce même Auteur conseille de faire tirer des coups de canon dans le voisinage du lieu infecté. M. Drouin veut que l'on applique trois sétons & un vessicatoire. Le célèbre M. Bourgelat s'est aussi convaincu, par son expérience, de l'utilité de ce moyen préservatif. On lit dans un ouvrage fait par une société de Médecins de Genève, que la peau crève quelquefois dans ces maladies. L'ouverture des cadavres fait voir des échimoses sous la peau. Souvent la peste se termine par des boutons & par des dépôts dans le tissu cellulaire. Huxam croit les éruptions à la peau très-avantageuses dans des maladies analogues. Lorsque quelques-uns des malades attaqués de la contagion actuellement regnante a le bonheur de guérir, on observe presque toujours ou des excoriations au frein de la langue & dans la bouche, ou des boutons à la peau ; & peut-être la maladie n'est-elle aussi terrible, que parce qu'ordinairement il ne se fait point d'éruption. J'ai vu une geniſſe qui a été guérie , & qui perd actuellement tout ſon poil. En plaçant un ſéton , on ne fait donc que ſeconder la nature ; c'eſt pour cette rai- ſon que les mendiants , ou autres perſonnes qui ont des ulcères pendant la peſte, n'en ſont preſque jamais atta- quées. Si donc le ſéton n'a pas toujours des ſuccès heureux, c'eſt moins à ſes propriétés délétères & dangereuſes , qu'à l'intenſité du mal qu'il faut rapporter ſon inſuffi- ſance.

(27) On ne ſaigne pas

même à préfent les perfon-
nes que l'on difpofe à la petite vérole artificielle ; j'en
ai vu réuffir un grand nombre fans cette précaution.
Ramazini blâme expreffé-
ment les forts cordiaux. Sy-
denham les regarde comme
autant de poifons. Lancifi
fait à peine mention des
purgatifs : les vomitifs font
très-nuifibles. Il eft , on ne
peut pas plus , dangereux
d'exciter des convulfions dans
les quatre eftomacs de ces
animaux. Les narcotiques ne
font point convenables. On
voudra bien fe rappeller la
belle

belle expérience de M. Vit-
tet, fur l'adminiſtration de
l'opium dans cette claſſe d'a-
nimaux. M. d'Aubenton l'a
répétée avec même ſuccès.
L'on voit ainſi, que la ſphère
de la matière médicale vétérinaire eſt bien tetrécie. C'eſt
ſans doute pour cette raiſon
que cette partie de l'art,
malgré les travaux d'un
grand nombre de Médecins
célèbres, a fait peu de progrès depuis Ramazini &
Lanciſi.

Si les remèdes curatifs
ſont en ſi petit nombre,
combien doit être moindre
celui des préſervatifs ? Auſſi

les personnes inſtruites con-
viennent-elles unanimement
qu'une diète bien réglée eſt
le meilleur de tous les remèdes. Il en eſt, à cet égard,
de la médecine vétérinaire
comme de la médecine hu-
maine. S'il regnoit une petite vérole, ou autre maladie très-contagieuſe, que di-
roit-on d'un Médecin qui,
pour préſerver de ce mal,
ordonneroit la thériaque,
l'eau de vie, l'alun, le ſel,
& autres préparations quel-
conques ; & qui croiroit,
ou voudroit faire croire,
qu'après avoir ainſi embau-
mé un animal vivant, il

peut impunément affron-
ter le danger ? On le regar-
deroit comme un charlatan ;
un homme éclairé diroit aux
personnes qui le consulte-
roient , » renfermez - vous
» chez vous ; mettez - vous
» en garde contre toute com-
» munication ; couvrez-vous
» bien ; exercez-vous ; man-
» gez peu ; nourrissez-vous
» de végétaux ; gardez-vous
» de la pluie & du froid ;
» fumez le matin & le soir ;
» faites-vous ouvrir un cau-
» tère ; les acides vous con-
» viennent ; & si la maladie
» vous attaque , au moins
» elle vous trouvera en bon

» état , & vous aurez peut-
» être assez de force pour la
» combattre. » Ce sont préci-
sément ces conseils qui conviennent aux bœufs. Il fau-
droit être bien novice dans
l'étude de la nature , pour
ignorer les grands rapports
qui se trouvent entre eux
& nous. Sans la dureté de
leur cuir & le nombre de
leurs estomacs , leur matière
médicale & la nôtre seroient
absolument les mêmes.

(28) Les premiers symp-
tômes de la maladie sont
très-bien exposés dans l'avis
de l'Ecole Vétérinaire , &
dans un Ecrit de M. Belle-

rocq, Elève très-instruit de la même Ecole. C'est ici le lieu de rendre à l'ouvrage de M. Doazan le tribut de louange qui lui est dû. Ce célèbre Médecin a très-bien décrit les premiers symptomes & les progrès de la contagion.

En suivant le conseil que nous donnons, on n'aura qu'un petit nombre de victimes à immoler. Les habitants des campagnes doivent d'ailleurs tout attendre de la générosité de leur Roi, & de la bienveillance de ses Ministres. Quand on seroit sûr de guérir les premiers

animaux infectés, la contagion n'en seroit pas moins à
craindre pour les autres ;
mais la guérison, loin d'être
sûre, est presque au-dessus
des connoissances humaines,
& le sacrifice devient moins
grand par cette considéra-
tion. Les sauvages se sont
préservés, pendant long-
temps, de la petite vérole,
par un moyen à peu près
semblable ; & toutes les fois
qu'il ne sera question que de
la valeur numéraire d'un in-
dividu, le calcul ne peut
être regardé comme dou-
teux ; il faudra toujours se
comporter de la même fa-

çon. Je propose d'autant plus volontiers cet avis , que je sais que c'est celui de M. Bourgelat. Lancisi a bien eu le courage de conseiller un massacre général. M. Batles , dans les environs de Londres , a , par ce moyen , étouffé une épidémie très-dangereuse. La Flandre Autrichienne doit enfin la conservation de ses bestiaux à ce parti violent. On a cru , dans les Provinces voisines , que pour conserver les bestiaux sains , il suffisoit de les conduire d'un lieu infecté dans un canton qui , après l'avoir été long-temps , a

cessé de l'être. On peut tenter ces expériences ; mais
on observera 1°. Que plu-
sieurs faits arrivés dans cette
généralité ne sont point
d'accord avec cette assertion.
2°. Que ce moyen prive les
Métayers du fruit qu'ils peuvent retirer du travail de
leurs bestiaux ; avantage qui
leur est tellement nécessai-
re, qu'ils aiment mieux les
exposer à un danger presque
évident, que de les renfermer dans un espace trop
étroit pour leur subsistance.

(30) Il est bon d'ouvrir
ces égouts près de la bouche, près des organes fa-

livaires & de l'œfophage.
Lancifi penfe que ces parties
font les premières affectées.
L'ouverture des cadavres dé-
montre en effet le plus fouvent, qu'elles ont beaucoup
fouffert. Plenciz y a obfervé des ulcères vermineux.
Hoffman eft du même avis
à l'égard des maladies con-
tagieufes qui attaquent les
hommes : il penfe que la falive eft le véhicule du virus,
& que pour cette raifon,
l'eftomac irrité par la falive
infectée, eft toujours foule-
vé dans le commencement
de ces efpèces de fièvres.
Huxam rend auffi la même

raison de ce symptome.

(31) L'acide vitriolique est moins volatil que l'acide du vinaigre : on s'en est plusieurs fois servi avec succès dans des cas semblables ; on l'étend dans l'eau , & cette préparation est très-connue : on fait quel cas font plusieurs Médecins , d'après Huxam , de l'élixir de vitriol. On fait aussi avec quel succès Macbride , par le moyen des acides & autres mêlanges , à rendu aux substances putrides leur consistence naturelle. Becher , auquel appartient en quelque forte la doctrine des anti-septiques.

vante auſſi beaucoup l'acide vitriolique , comme réſiſtant fortement à la putréfaction. M. Vitet ne veut point que l'on adminiſtre les acides minéraux aux ruminants : on peut employer le ſel d'oſeille à la doſe d'une once , ſur huit ou dix livres d'eau : à ſon défaut , on peut ſe ſervir de la crême de tartre. Le célèbre Auteur des notes ajoutées à l'Ouvrage de M. Barberet , penſe que l'on peut employer auſſi l'eau ferrée. Quelques perſonnes attribuent mal-à-propos la conſervation des beſtiaux d'un canton de cette Province aux eaux minérales qu'elle contient, tandis qu'elle est l'ouvrage d'un citoyen recommandable par les soins qu'il a pris à ce sujet. Boile, en parlant de l'eau que l'on boit sur les vaisseaux, a prouvé que celle qui est agitée & battue, est la plus saine.

(35) Dans l'intérieur des endroits infectés, on pourra tenter différents moyens de guérison : on y développera tous les ressorts de l'art ; c'est ce que je me propose de faire, & ce que j'ai déjà commencé. A force de soins médecinaux & domestiques, on

on fera peut-être affez heureux, pour mettre fin aux
ravages de la contagion. On
doit s'attendre que malgré
les barrières les plus exac-
tes, elle trouvera toujours
quelques vuides pour s'é-
chapper & pénétrer dans
d'autres pays ; mais on arrê-
teroit fes progrès, on l'é-
toufferoit dès fa naiffance,
en tuant par - tout les premiers animaux infectés. D'un
autre côté elle feroit circonf-
crite dans le chef-lieu où elle
s'éteindroit d'elle - même.
N'eft-ce pas ainfi que l'on
peut remédier en même
temps à la caufe & aux

effets ? Cet avis tient le milieu entre celui qui propofe
de tuer tous les animaux infectés, & celui qui les aban-
donne tous aux progrès de
la maladie. Il eft moins dif-
pendieux pour le gouvernement, & paroît moins ef-
frayant pour le peuple. Mais
eft-il le plus fûr ? Il eft un
parti qu'il n'appartient qu'au
Magiftrat, & non au Mé-
decin de propofer, c'eft
celui du maffacre général.

Plufieurs raifons très-for-
tes peuvent faire incliner
tout citoyen zélé pour ce
dernier. 1°. La contagion
fubfifte depuis plus de cinq

mois, sans que jamais on ait pu lui opposer aucun remède avec succès. 2°. L'ouverture des cadavres ne fournit aucune indication. J'ai déjà fait ouvrir plusieurs de ces animaux : dans les uns on ne trouve aucune lésion, si ce n'est un engouement & un endurcissement très-marqué dans les aliments que contiennent les trois premiers estomacs. La panse & le bonnet sont toujours pleins de fourrage grossièrement haché. Cet engorgement se manifeste par une dureté dans la région hipocondriaque & lombaire gauche. C'est sur-tout le feuillet dans lequel les aliments sont desséchés, & semblables à peu près au marc des plantes serrées à la presse. La caillette est remplie par un fluide verdâtre qui y passe par expression. Dans les autres, on trouve le tissu cellulaire & muqueux qui avoisine les trois premiers estomacs, épaissi avec des symptomes d'inflammation dans les voies alimentaires. La dissection ne fournit donc presque aucunes lumieres au praticien. 3°. Nous avons jusqu'ici essayé inutilement les vessicatoires &

ſcarifications , le camphre ,
le nitre , le quinquina , &
les légers purgatifs ; quoique ces remèdes aient été
adminiſtrés avec beaucoup
de méthode , & que ce trai-
tement ſoit peut-être le ſeul
qui convienne dans une
fièvre contagieuſe & peſti-
lentielle qui tient le milieu
entre la fièvre maligne & pu-
tride , & celle que les An-
glois appellent lente, nerveu-
ſe ou muqueuſe , dont elle
ne diffère que parce que
ſes périodes ſont plus rapi-
des. 4°. Quand on auroit dé-
couvert une bonne metho-
de , les habitants des cam-

pagnes ne la suivroient pas
exactement , & cette heu-
reuse invention seroit en
pure perte , excepté pour
les bestiaux qui seroient
sous les yeux de personnes
instruites ; ce nombre seroit
toujours très-petit. 5°. La
quantité des malades ne doit
point effrayer , elle n'est pas
aussi grande qu'on pourroit
le croire. Le nombre des
animaux infectés est toujours
à peu près le même , & il
est composé par une suite
d'individus qui se succèdent
sans interruption , & qui pé-
rissent tous. 6°. La contagion fait des progrès , lents ,

à la vérité , mais ils font
continuels ; la rigueur du
froid ne les a point interrom-
pus. Ne feroit-il pas à craindre que la contagion fe per-
pétuant malgré les entraves
de l'hiver , n'infectât dans
le printemps prochain les
pays circonvoifins.? 7°. Enfin
on n'a jamais guéri la pefte
des beftiaux ; & fi l'on veut
être de bonne foi , l'on con-
viendra que le peu de malades qui échappent le doi-
vent à la nature.

Frappé de toutes ces vé-
rités , M. l'Intendant de Bordeaux a cru ne pouvoir s'empêcher de preſcrire des diſ-

positions rigoureuses ; & il a donné une Ordonnance par laquelle il enjoint de tuer tous les animaux infectés. On doit tout attendre de la sage administration des Officiers de cette Généralité : mais comme nous avons appris que l'exécution d'un pareil projet, quoique très-prudent & très-bon en lui-même, n'a pas eu tout le succès que l'on auroit pu desirer dans les provinces voisines , il seroit , je crois, à propos d'en prévenir la cause. Pour empêcher la contagion , il ne suffit pas de tuer les bestiaux infectés ; il faut encore effacer tous les veſtiges du mal. Sans cela les étables reſteront mal propres & les cours ſeront remplies de fumier infecté. Le fourrage eſt ſouvent dans le même cas : les habits des payſans peuvent auſſi cacher long-temps les molécules vireuſes. Pour prévenir ces différents inconvénients , on propoſe les moyens ſuivants.

1°. Dans chaque Subdélégation on fixera un ou pluſieurs jours pour l'exécution de l'Ordonnance de M. l'Intendant. Et l'on aura ſoin de commettre une ſuffiſante quantité de perſonnes pour faire ce qui fuit.

2°. On ira de canton en canton ; on tuera les bêtes, & on les fera enfouir.

3°. On ne laiffera point le foin des étables aux payfans ; mais on les né-toiera ; on les échaudera ; on lavera le ratelier avec du vinaigre d'ail ; on en-fouira le fumier & autres uftenfiles infectés , & on laiffera l'étable ouverte pendant quelques jours ; chaque jour on y allumera du feu. Voyez n°. 34, 38.

4°. Trois ou quatre jours après , les mêmes perfon-nes viendront blanchir l'é-

table avec de la chaux dé-
layée ; & les beſtiaux ſains
feront très-long-temps ſans
y rentrer.

5°. M M. les Syndics ſe-
ront autoriſés à faire viſite
par-tout. Quand ils auront
connoiſſance d'une bête malade, ils la feront tuer avec
les mêmes ſoins. L'Article
premier de l'Ordonnance ſera exécuté dans toute ſa
rigueur.

6°. On ſe comportera à
l'égard des bêtes ſaines qui
logeoient avec les bêtes in-
fectées, comme il eſt dit plus
haut, n°. 29, 30, 31, 32.
Si l'on tient ſcrupuleuſe-

ment cette conduite pendant un mois , l'on n'aura plus de nouveaux malades , & la contagion ceſſera. Mais la plus légère inattention feroit infailliblement perdre le fruit des peines que l'on auroit priſes. Souvent on commet des imprudences qui ont des ſuites fâcheuſes, quand on en ignore le danger ; mais eſt il impoſſible qu'après avoir lu ces détails , il ſe trouve des hommes aſſez méchants pour commencer le malheur de la nation par le leur , & pour s'envelopper eux-mêmes dans un déſaſtre dont

ils

ils seroient la cause.

(37) Il faut alors se défier de tous les animaux domestiques. On a vu plusieurs fois les Vaches courir en mugissant, & se rassembler en foule dans des endroits où l'on avoit enfoui des bêtes mortes de la contagion. On a aussi observé que les Vaches saines semblent rechercher celles qui sont malades, & tout ce qui tombe de leurs plaies. Aussi le Parlement de Rouen , parmi différentes précautions recommandées dans un Arrêt rendu le 13 Mars 1745 , enjoint - il spécialement de ne

point laisser tomber par terre ce qui sort des tumeurs ouvertes , de peur que d'autres animaux ne le lèchent.

(38) Ceux qui approcheront des bêtes malades & qui les panseront habituellement , seront tenus à la fin de brûler leurs habits. Il est à propos qu'ils soient faits avec une étoffe de toile ; on peut pour cet effet se servir de toile cirée. On enduira ses mains d'axonge, d'huile ou de beurre, pour faire les pansements ou les dissections. On aura soin de se placer dans un endroit opposé à celui où le vent

porte les vapeurs qui sortent du cadavre. On lavera ensuite ses mains dans du vinaigre, on s'en frottera le visage, on en répandra sur ses habits, & on en respirera la vapeur. Au reste, la plupart de ces observations ont été déja faites par Ramazini, Lancisi, Boerhave, MM. Chirac, Helvetius, Boyer, Sauvage, Leclerc, & par plusieurs autres Médecins célèbres envoyés en diffrents temps pour faire des recherches sur les maladies épidémiques des bestiaux, qu'ils ont tous très-bien décrites , mais qu'ils n'ont point guéries.

Je me suis proposé de présenter un tableau abrégé des moyens préservatifs que l'on peut employer pour arrêter la contagion actuellement regnante. J'ai rempli ma tâche avec le plus d'exactitude & le plus d'ordre qu'il m'a été possible , dans le court espace de deux jours au plus , pendant lesquels je me suis encore livré à d'autres occupations indispensables dans cette circonstance. Eloigné de ma bibliothèque, & n'ayant pour toute ressource que ma mémoire

& quelques extraits dont je
m'étois muni, je n'ai pu citer
les pages des Auteurs de l'autorité desquels je me suis ap-
puyé. Je me suis au reste
moins occupé du soin de faire
un ouvrage , que de celui d'ê-
tre utile , & de bien méri-
ter du public par l'importance & la promptitude de
mon travail. Toute ma crain-
te est que la simplicité des
moyens que je propose n'en-
gage ceux qui me liront à
s'en défier. Du miel, de l'huile , du vinaigre , du nitre ,
du son ou de la farine , de
l'assa-fœtida, de l'eau de vie ,
de l'eau simple , plus que tout

cela , de l'exactitude & de
la vigilance , voilà quelles
font les armes avec lefquelles
on peut être sûr de fe préferver de la contagion. Pour
faire réuffir le projet de l'é-
teindre dans une Province
entière , toutes les forces doivent être réunies. En vain les
particuliers s'épuiferoient les
uns après les autres en foins
& en veilles. Il faut trancher
d'un feul coup toutes les têtes
de cette hydre affreufe ; ou
bien elles renaîtront fans cef-
fe. Le Gouvernement devoit
joindre fes efforts à ceux des
Magiftrats & des habitants
des lieux infectés. L'on n'a

plus rien à defirer que de ces
derniers...O vous, fages agriculteurs, vous qui fourniffez
à l'Etat des fecours précieux
& néceffaires, connoiffez toute l'importance des fervices
que vous lui rendez ; confer-
vez-vous pour lui , fi vous
n'avez pas le courage de vous
conferver pour vous-mêmes;
reconnoiffez la voix de la raifon ; honorez de votre confiance un homme défintéreffé,
qui vous offre la vérité fim-
ple & fans déguifement,com-
me il lui convient de paroître
aux champs ; éloignez & ac-
cablez de votre mépris ces
ames mercénaires qui ne vous

présentent que des menson-
ges enveloppés du voile de
la charlatanerie , défiez-vous
de tous ceux dont l'audace &
la sécurité décelent évidem-
ment la mauvaise foi ; & sa-
chez que la candeur & la mo-
destie ont toujours été l'ap-
panage de la science & de
l'honnêteté. Regardez sur-
tout vos troupeaux comme
un dépôt cher à l'Etat , dont
vous devez lui rendre compte , & dont il vous tiendra
compte lui-même... Et vous
qui conduisez cette saine partie de la nation , Curés , Sei-
gneurs , citoyens éclairés ,
qui partagez avec elle les

douceurs de la vie champê-
tre , laiſſez - vous échauffer
par ce zèle qui anime le Gouvernement & les Magiſtrats ;
daignez joindre vos lumières & vos connoiſſances aux
obſervations que je vous offre aujourd'hui ; aidez-nous à
perſuader les habitants des
campagnes , dont vous faites
le bonheur ; & faites ſuccé-
der une ſeconde contagion à
la première , celle de l'a-
mour du bien en général , &
du patriotiſme.

Fait le 8 Décembre ,
à Bordeaux , à l'Hôtel de
l'Intendance.

TABLE

DES

OBSERVATIONS.

TABLE
DES NOTES
SUR LES OBSERVATIONS
PRÉCÉDENTES.

www.ingramcontent.com/pod-product-compliance
Lightning Source LLC
LaVergne TN
LVHW021746060726
842528LV00003B/811